Bibliografische Information der Deutschen Nationalbibliothek:

Die Deutsche Bibliothek verzeichnet diese Publikation in der Deutschen National-
bibliografie; detaillierte bibliografische Daten sind im Internet über http://dnb.d-
nb.de/ abrufbar.

Impressum:

Copyright © 2015 GRIN Verlag
Druck und Bindung: Books on Demand GmbH, Norderstedt Germany
ISBN: 9783668671478

Dieses Buch bei GRIN:

https://www.grin.com/document/416083

Julia Drabsch

Physiologische Untersuchung einer veganen Ernährungsweise

GRIN Verlag

Physiologische Wirkung einer veganen Ernährungsweise
- ein Selbstversuch

Verfasst von: Julia Drabsch
Fach: Biologie
Note: 1-

Inhaltsverzeichnis:

1. Einleitung

„Vegan: Radikale Einstellung wird zum Mega-Trend"[1]. Solche Schlagzeilen liest man in letzter Zeit immer öfter. Viele sprechen schon von einer veganen Bewegung. In nahezu jedem Supermarkt gibt es vermehrt vegane und vegetarische Produkte. Im Februar 2011 öffnete die erste vegane Supermarktkette, die mittlerweile in drei verschiedenen Ländern insgesamt neun Filialen hat.[2] Man kann Veganismus also als eine aufkommende Bewegung der heutigen Zeit bezeichnen. Das Projektthema dieses Jahr ist „Bewegung und Zeit". Meine Beweggründe dafür gerade über dieses Thema zu schreiben, war mit sehr viel persönlichem Interesse verbunden, da ich zu Beginn Vegetarierin war. Ich wollte wissen, ob dieser neue Trend zum Veganismus wirklich gesund ist und sah großes Potenzial für eine kritische Auseinandersetzung.

Die Arbeit habe ich unter der großen Fragestellung „Ist vegane Ernährung gesund?" verfasst. Dabei stellten sich folgende Fragen: Ist es gesund auf tierische Produkte zu verzichten? Was fehlt unserem Körper ohne Nahrung tierischen Ursprungs? Müssen wir tierische Produkte zu uns nehmen, um gesund zu sein? Was passiert im Körper, wenn wir uns vegan ernähren? Um dies herauszufinden habe ich neben sorgfältigen Recherchen einen achtwöchigen Selbstversuch durchgeführt und mich in dieser Zeit rein pflanzlich ernährt.

Im ersten Kapitel geht es darum, zu definieren, was vegane Ernährung ist und warum man sich dafür entscheidet. Das nächste Kapitel handelt davon, auf was man achten muss, wenn man sich vegan ernährt und wie man die Ernährung am besten zusammen stellt. Um das zu wissen, muss man die Hintergründe des Stoffwechsels wissen, welche ebenfalls in diesem Kapitel erklärt sind. Im letzten Kapitel vergleiche ich dann die theoretischen Erklärungen mit meinen Ergebnissen aus dem Selbstversuch.

---

[1]Hacker, Hebert. Vegan: Radikale Einstellung wird zum Mega-Trend. URL: http://www.falstaff.de/gourmetartikel/vegan-radikale-einstellung-wird-zum-mega-trend-8170.html (Stand: 28.04.2015)
[2]Siehe: Veganz GmbH. Zahlen & Fakten. URL: http://www.veganz.de/ueber-veganz/veganz-gmbh/fakten-zahlen.html (Stand: 28.04.2015)

2. Die vegane Ernährungsweise

2.1 Definition und Abgrenzung des Begriffs „Veganismus"

Veganismus ist eine Unterform des Vegetarismus, bei dem „[...] soweit wie möglich und praktisch durchführbar, alle Formen der Ausbeutung und Grausamkeiten an Tieren für Essen, Kleidung oder andere Zwecke zu vermeiden [sind] [...]."[3] Also gehören zu Veganismus viele Teilbereiche, wie die Ernährung, Kosmetika, Kleidung und vieles mehr. In meiner Arbeit werde ich mich jedoch nur auf die Ernährung beziehen. Bei einer rein pflanzlichen Ernährung wird auf alle tierischen Produkte wie Fleisch, Fisch, Milch- und Milchprodukte und Honig verzichtet. Doch es gibt auch einige versteckte tierische Lebensmittel, die nicht einmal gekennzeichnet werden müssen. Da zum Beispiel klarer Saft mit tierischer Gelatine gefiltert wird, ist dieser ebenfalls nicht vegan. Trotzdem verzichten nicht alle Veganer/-innen auf Saft. So entscheidet jeder für sich selbst, inwieweit er auf welche Lebensmittel verzichtet und wo die eigenen Grenzen liegen. Innerhalb des Veganismus gibt es jedoch auch unterschiedliche Formen, wie man sich ernähren kann. Es gibt sogenannte „Pudding-Veganer", die sich von veganen Fertigprodukten ernähren, wie zum Beispiel Vanille-Sojajoghurt und Schnitzel aus Seitan, eine Alternative für Fleisch aus Weizen und Wasser hergestellt. Das andere Extrem sind die Rohkost-Veganer, welche sich ausschließlich von Lebensmittel ernähren, die nicht gekocht oder gegart wurden, wie rohes Obst und Gemüse. In meiner Arbeit beziehe ich mich auf eine ausgewogene vegane Ernährung, die aus viel Obst, Gemüse und Getreideprodukten besteht, aber auch Pflanzenmilch und Tofu enthält.

---

[3] Vegan Society, zitiert nach. Bund für vegane Lebensweise. Definition des Begriffs „vegan". URL: http://www.vegane-lebensweise.org/vegan-im-alltag-3/definition-des-begriffs-vegan/ (Stand 15.2.2015)

2.2 Gründe für eine vegane Ernährung

2.2.1 Gesundheitliche Aspekte

Es gibt mehrere Gründe, warum eine vegane Ernährung sinnvoller sein kann als eine omnivore Ernährung.

Eine Vielzahl von Studien bestätigen, dass eine vegane Ernährung das Risiko für Zivilisationskrankheiten, wie Herz-Kreislauf-Krankheiten, Krebs und Osteoporose senkt. Dadurch, dass kein tierisches Protein und Fett aufgenommen wird, fällt der Cholesterinspiegel, welcher ein Indikator für Zivilisationskrankheiten ist. In Tierversuchen[4] hat sich gezeigt wie sich pflanzliche Kost auf die Ernährung auswirkt. Die Cholesterinwerte stiegen stark an, wenn tierisches Protein verfüttert wurde, bei pflanzlichem Protein hingegen sanken die Werte.

Eine weitere Studie[5] bestätigt, dass je höher der durchschnittliche Kuhmilchkonsum ist, desto mehr Diabetes 1 Erkrankungen treten in den jeweiligen Ländern auf. In Japan zum Beispiel haben 2 von 100.000 Kindern Diabetes 1 bei einem durchschnittlichen pro-Kopf-Verbrauch von 40 Litern im Jahr. Hingegen in Finnland mit einem Verbrauch von 240 Litern Kuhmilch pro Kopf und pro Jahr haben 30 von 100.000 Kindern Diabetes 1.

Erhöhter Milchkonsum schützt außerdem nicht vor Osteoporose, sondern fördert sie eher. Auch dies zeigt sich wieder darin, dass in den Ländern mit einem hohen Kuhmilchkonsum, auch die meisten Osteoporose Erkrankungen vorkommen.[6] Denn Milch enthält zwar viel Kalzium, was für den Knochenaufbau wichtig ist, doch kann der Körper dieses nicht aufnehmen. Denn Milch und Milchprodukte erhöhen den Säuregrad des Gewebes im Körper und der Körper muss dies wieder neutralisieren, wozu er Kalzium aus den Knochen verwendet. Die Folge ist eine höhere Kalziumausscheidung im Urin. [7]

---

[4]Campbell, T.Colin/Campbell, Thomas. China Study, Die wissenschaftliche Begründung für eine vegane Ernährungsweise, Bad Kötzting. Verlag Systemische Medizin 2011, S. 125
[5]Campbell, T.Colin/Campbell, Thomas. China Study, Die wissenschaftliche Begründung für eine vegane Ernährungsweise, Bad Kötzting. Verlag Systemische Medizin 2011, S.175
[6]Campbell, T.Colin/Campbell, Thomas. China Study, Die wissenschaftliche Begründung für eine vegane Ernährungsweise, Bad Kötzting. Verlag Systemische Medizin 2011, S.219
[7]Campbell, T.Colin/Campbell, Thomas. China Study, Die wissenschaftliche Begründung für eine vegane Ernährungsweise, Bad Kötzting. Verlag Systemische Medizin 2011, S. 218

2.2.2 Umweltaspekte

„Nichts wird die Chance auf ein Überleben auf der Erde so steigern wie der Schritt zur vegetarischen Ernährung"[8]. Dies sagte Albert Einstein nicht ohne Grund, denn die Ressourcen auf dem Planeten sind begrenzt und hoher Fleischkonsum führt dazu, dass die Ressourcen schneller verbraucht sein werden.

Ein großes Problem auf der Erde stellt der Klimawandel dar, welcher durch Treibhausgase gefördert wird. Einer der größten Verursacher von Treibhausgasen ist der hohe Konsum tierischer Produkte, denn die sogenannten Hochleistungskühe müssen mit Kraftfutter gefüttert werden. Heu ist dafür nicht geeignet, also verwendet man häufig Soja. Doch durch den Platzmangel an Anbaufläche für Soja, wird jedes Jahr eine große Fläche Regenwald abgeholzt, denn ca. 80% der Sojaanbaufläche wird später als Tierfutter verwendet.[9] Der durchschnittliche deutsche Verbraucher verursacht eine jährliche Emission von über 2000kg CO_2 allein durch die Nahrung. Nur 31,2 % stammen dabei aus Nahrung pflanzlichen Ursprungs.[10] Würden alle Menschen auf dieser Welt von heute auf morgen vegetarisch werden, hätte es denselben Effekt, als wenn man alle Fahrzeuge auf der Welt auf einmal stoppen würde.[11]

Ein weiterer Aspekt ist das Abfallproblem der bei der Fleischproduktion entstehenden Gülle. Moderne Tierfabriken haben oft kein Entsorgungskonzept für den anfallenden Abfall und so entstehen sogenannte Gülle-Seen.[11] Man muss verhindern, dass die Gülle in den Boden versickert, denn sonst würde sie das Grundwasser verseuchen. Jedoch gibt es keine Kanalisation oder ähnliches und die Firmen wissen nicht, wie sie die Gülle entsorgen können.

---

[8]Einstein, Albert, zitiert nach. Vegetarismus Zitateliste. URL: http://www.vegetarismus.com/zitate.html (Stand: 19.04.2015)
[9] Siehe: Die verheerenden Folgen des Soja-Anbaus in Südamerika. URL: http://www.klima-wandel.eu/sojaanbau.html (Stand: 19.04.2015)
[10] &[11] Siehe: Vegane Bewegung. Veganismus für Klima- und Umweltschutz. URL: http://vegane-bewegung.de/warum-vegan/veganismus-fuer-klima-und-umweltschutz.html (Stand: 19.04.2015)
[11]Dahlke, Ruediger. Peace food, München. Gräfe und Unzer Verlag 2011 S. 208f

3. Biologische Begründung für eine vegane Ernährung

3.1 Zusammenstellung einer veganen Ernährung

Wenn man sich jetzt dazu entschieden hat, vegan zu leben, stellt sich oft die Frage was man denn jetzt noch essen kann und auf was man achten sollte, um genug Nährstoffe aufzunehmen. Es gibt einige allgemeine Richtlinien an welchen man sich halten kann. In der untenstehenden Abbildung ist eine vegane Ernährungspyramide dargestellt, an der man sich gut orientieren kann, um alle Nährstoffe abzudecken.

Abbildung 1: http://veganfoodpyramid.com/wallpaper/

Die Basis dieser Ernährungspyramide sind die zwei Gruppen Früchte und Gemüse. Alle Lebensmittel, die zu dieser Gruppe gehören darf man uneingeschränkt verzehren, nur bei Säften aus Früchten gibt es Einschränkungen, da diese oft mit Gelatine geklärt sind. Als weiterer Bestandteil ist die Gruppe der stärkehaltigen Lebensmittel aufgeführt. Hier gilt es möglichst vielfältig zu essen, also nicht nur die gleiche Sorte Reis, sondern auch mal Wildreis, Vollkornreis, Jasminreis oder andere Sorten zu verzehren. Bei Brot und Brötchen sollte man jedoch lieber zweimal nachfragen, ob auch wirklich keine tierischen Produkte verwendet wurden. Mäßig verzehren sollte man die zwei Gruppen Milchersatzprodukte und Hülsenfrüchte etc. Hier hat man freie Auswahl und wieder ist es wichtig, sich nicht einseitig zu ernähren und viel zu variieren. Ganz oben stehen Pflanzenöle, Nüsse und Süßigkeiten. Es gibt auch vegane Fertigprodukte, welche nicht gesund sind, da sie viel Zucker und Fett enthalten. Hier sollte man sich wie bei einer omnivoren Ernährung auch zurückhalten.

Im Anhang befindet sich ein Wochenplan, in dem eine Beispielwoche für vegane Ernährung aufgelistet ist. Dieser entspricht ungefähr den Angaben in der Ernährungspyramide.

Um die Zufuhr aller Nährstoffe zu gewährleisen, können ebenfalls sogenannte „Superfoods" verzehrt werden. Wird von „Superfoods" gesprochen, meint man damit „Lebensmittel, die über einen besonders hohen und konzentrierten Anteil an wertvollen Inhaltsstoffen verfügen"[12], wie zum Beispiel bestimmte Vitamine oder Mineralstoffe.

Chia-Samen zum Beispiel enthalten Proteine, Antioxidantien, Kalium, Kalzium, Eisen, Bor, Omega-3 und Omega-6-Fettsäuren.[13] Wenn man sie über Nacht einweicht, speichern sie große Mengen an Flüssigkeit, die dem Körper zugeführt werden können. Menschen, die sich rein pflanzlich ernähren, können gerade von diesen Inhaltsstoffen der Samen profitieren und so besser ihren Nährstoffbedarf decken.

Auch die anderen genannten Superfoods enthalten wertvolle Nährstoffe und es gibt sogar Mikroalgen, die Vitamin B 12 enthalten. Dieses Vitamin kommt sonst nur in Nahrung tierischen Ursprungs vor.

Genussmittel sind nur begrenzt vegan. Trotzdem lehnen viele Veganer Genussmittel ab, da sie oft sehr gesundheitsbewusst leben. Für Tabakwaren beispielsweise werden oft Tierversuche durchgeführt, daher sollte man sich informieren welche Marken dies unterstützen und welche tierversuchsfrei sind.[14]

Alkohol ist ebenfalls begrenzt vegan. Wein wird in der Produktion durch Gelatine gefiltert und manchmal wird Wodka mit Milch gereinigt. Auch hier kann man sich im Internet informieren, welche Marken vegan sind und welche nicht.

---

[12] Siehe: Rohspirit. Was sind Superfoods?. URL: http://rohspirit.de/rohkost-rezepte/superfoods/ (Stand 25.04.2015)
[13] Bredack, Jan. Vegan für alle, warum wir richtig leben sollten, München. Piper Verlag GmbH 2014, S. 67
[14] Siehe: Peta2. Tierversuche für Zigaretten. URL: http://www.peta2.de/de/tierversuche_fuer.645.html (Stand: 25.04.2015)

3.2 Stoffwechselbiologische Hintergründe

3.2.1 Kohlenhydrate und Fette

Kohlenhydrate sind Nährstoffe und bestehen aus Kohlenstoff, Wasserstoff und Sauerstoff. Über die Hälfte unserer Ernährung sollte aus Kohlenhydraten bestehen, denn sie sind der Hauptenergielieferant unseres Körpers. Als erstes werden die Kohlenhydrate im Körper in unserem Verdauungstrakt in die kleinstmöglichen Teile aufgespalten, die Monosaccharide (Einfachzucker), überwiegend Glucose. Glucose wird im Körper zu Energie in Form von ATP umgewandelt. Dies geschieht über eine Reihe biochemischer Prozesse. Als erstes wird die Glucose in Pyruvat umgewandelt, anschließend findet die oxidative Decarboxylierung statt, deren Endprodukt Acetyl-CoA ist. Diese Verbindung wird eingeschleust in den Citratzyklus, dessen Endprodukte wiederum in der Atmungskette zu ATP (Adenosintriphosphat) umgewandelt werden.[15] Das ist die bevorzugte Energiegewinnung in unserem Körper.

Wenn man sich rein pflanzlich ernährt, viel mehr Obst und Gemüse als der Durchschnittsbürger. Die meisten Menschen nehmen heutzutage im Durchschnitt nur die Hälfte der empfohlenen Menge der Ballaststoffe auf. Ballaststoffe vermindern das Risiko von Dickdarmkrebs erheblich und fördern eine bessere Verdauung, indem sie das Stuhlvolumen erhöhen und die Darmbewegung verbessern.[16] Die Sättigung bei ballaststoffreicher Kost hält länger an, denn die Nahrung bleibt länger im Magen. Dort quellen wasserlösliche Ballaststoffe auf und sie binden Gallensäuren. Diese werden vermehrt ausgeschieden und die Bildung neuer Gallensäuren wird angeregt. Dies verbraucht Cholesterin und senkt so den Cholesterinspiegel im Blut. [17]

Trotzdem brauchen wir in unserem Körper noch Proteine als Baustoffe und Fette. In dieser Ernährungsform wird weniger Fett aufgenommen und deshalb muss darauf geachtet werden, die richtigen Fette zu sich zu nehmen. Einfach- und mehrfach ungesättigte Fettsäuren, besonders die Omega-3 und Omega-6-Fettsäuren müssen ausreichend über die Nahrung, z.B. über Nüsse gegessen werden.

---

[15] Schlieper, Cornelia A. Grundlagen der Ernährung, Hamburg. Dr. Felix Büchner Verlag - Verlag Handwerk und Technik GmbH 2007, S. 239

[16] Campbell, T.Colin/Campbell, Thomas. China Study, Die wissenschaftliche Begründung für eine vegane Ernährungsweise, Bad Kötzting. Verlag Systemische Medizin 2011, S.178

[17] Siehe: Unterrichtsmitschrift: Fr. Bouley. Ballaststoffe, ELCH, 09.01.2015, Droste-H ülshoff-Schule

3.2.2 Protein

Proteine sind die im Körper am häufigsten vorkommenden Makromoleküle. Sie bestehen hauptsächlich aus den chemischen Elementen Kohlenstoff, Sauerstoff, Wasserstoff und Stickstoff.[18] Der Körper verstoffwechselt das Protein zu Aminosäuren, wovon 90% zur Leber transportiert werden. Acht von ihnen sind essentiell, das heißt wir müssen sie über die Nahrung zu uns nehmen, da der Körper sie nicht selbst herstellen kann. Aminosäuren dienen als Baustoffe und aus ihnen werden z.B. bei der Proteinbiosynthese wieder Proteine gebildet. Dieser Vorgang erfolgt in zwei Schritten: Der Transkription und Translation. Bei der Transkription wird eine RNA produziert und aus dem Zellkern transportiert, in dem die DNA eingeschlossen bleibt. Dann erfolgt die Translation mit Hilfe von tRNA. tRNA besitzt zwei Bindungsstellen; eine für das komplementäre Basentriplett auf der mRNA und eine für die dazugehörige Aminosäure. Die tRNA wird zuvor durch ein Enzym (Aminoacyl-t-RNA-Synthetase) mit der Aminosäure beladen und schließt dann an das Basentriplett an. Dieser Prozess wiederholt sich, wobei das entstehende Protein immer auf die neu hinzugekommene Aminosäure gesetzt wird. Die freie tRNA wird dann frei. Der Vorgang wird durch ein Stopp-Codon auf der DNA abgebrochen und das Protein wird freigesetzt.[19] Das Protein kann dann eine der verschiedenen lebensnotwendigen Aufgaben im Körper übernehmen, wie die Katalyse von Stoffwechselreaktionen im Körper, Stoffe transportieren oder Teil der Stützsubstanz sein (Strukturproteine). Daher empfiehlt die DGE 0,8 g Protein pro Kilogramm Körpergewicht pro Tag.[20] Bei 70 kg entspricht das 56 g pro Tag. Bei einer rein pflanzlichen Ernährung ist es wichtig auf seine Proteinzufuhr zu achten, denn pflanzliches Protein ist nicht so hochwertig wie tierisches Protein. Hochwertiges Protein ist Protein, welches von der Zusammensetzung der Aminosäuren am meisten mit unserem Organismus übereinstimmt. Wenn man sich pflanzlich ausgewogen und abwechslungsreich ernährt, braucht sich kein Veganer Gedanken über Proteinmangel machen, denn viele vegane Lebensmittel enthalten ausreichend Protein (siehe Abbildung 2).

---

[18] Schlieper, Cornelia A. Grundlagen der Ernährung, Hamburg. Dr. Felix Büchner Verlag - Verlag Handwerk und Technik GmbH 2007, S.99
[19] Siehe: Unterrichtsmitschrift: Fr. Kugel. Proteinbiosynthese, Biologie,09.10.2014 , Droste- Hülshoff- Schule
[20]Siehe: Deutsche Gesellschaft für Ernährung. Referenzwerte Protein. URL: https://www.dge.de/wissenschaft/referenzwerte/protein/ (Stand: 12.04.2015)

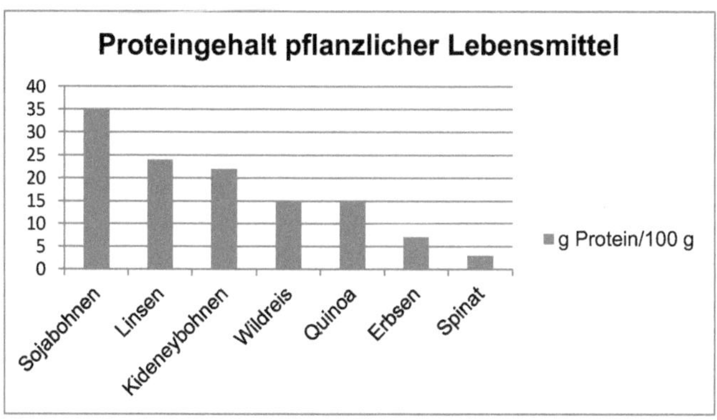

Abbildung 2: Proteingehalt pflanzlicher Lebensmittel

Nun enthalten pflanzliche Proteinquellen nicht alle Aminosäuren in der Menge, die wir brauchen, deshalb ist es wichtig verschiedene Lebensmittel miteinander zu kombinieren. So ergänzen sich die Aminosäureprofile und die biologische Wertigkeit, welche bei tierischen Proteinquellen am höchsten ist, steigt. Zum Beispiel erhöht sich die biologische Wertigkeit von Bohnen, wenn diese zusammen mit Mais konsumiert werden. Die biologische Wertigkeit beträgt dann 99. Dieser Wert entspricht ebenfalls der biologischen Wertigkeit von Vollei.[21] Falls diese Möglichkeiten trotzdem nicht ausreichen, wenn man zum Beispiel Muskeln aufbauen möchte, gibt es auch aus Pflanzen, z.B. Hanf isolierte Proteinpulver, die man genauso verwenden kann wie tierische. Gibt man von solchen Pulvern morgens ein Esslöffel z.B. ins Müsli oder in den Obstsalat und isst dann noch über den Tag verteilt pflanzliche Proteinquellen, so ist die Zufuhr von Proteinen gesichert.

---

[21]Siehe: GS Food, Sporternährung und Beratung. Biologische Wertigkeit. URL: http://www.gsfood.ch/lexikon.php?language=de&lexID=b&lID=21&page=detail&sessID=k23og2ff57hukpjta78t36e q71 (Stand 10.05.2015)

3.2.3 Vitamine und Mineralstoffe

Es gibt verschiedene Nährstoffe, die bei einer veganen Ernährung als kritisch eingestuft werden: Vitamin B12, Eisen, Zink, Jod, Vitamin B2 (Riboflavin) und Kalzium. Jedoch können die meisten Nährstoffe durch eine gut geplante, abwechslungsreiche Ernährung auch ohne tierische Produkte sicher gestellt werden. In Abbildung 3 werden die einzelnen Nährstoffe und die besten pflanzlichen Quellen dargestellt. Die Empfehlungen der Nährstoffzufuhr sind für einen Erwachsenen berechnet.

Nährstoff & Empfehlung	Pflanzliche Quelle	Anmerkungen
Vitamin B 12 3 µg pro Tag	------	Bei Mangel durch Supplemente therapierbar
Eisen 15 mg (Frauen) pro Tag 10 mg (Männer) pro Tag	Amaranth: 9 mg/100 g Quinoa: 8 mg/100 g Spinat: 3,4 mg/100 g	Eisenresorption wird durch gleichzeitige Aufnahme von Ascorbinsäure begünstigt
Zink 10 mg (Männer) pro Tag 7 mg (Frauen) pro Tag	Kürbiskern: 6,1 mg/100 g Linsen: 3,4 mg/100 g Haferflocken: 4 mg/100 g	Zinkaufnahme wird durch Phytate und Tannine gehemmt
Jod 200 µg pro Tag	Jodsalz: 15 - 25 mg/kg Algen: 5000 - 11000 mg/kg	Jodgehalt ist abhängig von starken regionalen Schwankungen
Vitamin B2 1,4 mg (Männer) pro Tag 1,2 mg (Frauen) pro Tag	Mandel: 0,62 mg/100 g Spinat: 0,2 mg/100 g	In vielen Milchersatzprodukten wird Riboflavin zugesetzt
Kalzium 1000mg pro Tag	Sesam: 780 mg/100 g Grünkohl: 210 mg/100 g	In Mineralwasser kann bis zu 400 mg/Liter enthalten sein

Abbildung 3: Nährstoffe und ihre Quellen

Vitamin B12 ist in keinen nennenswerten Mengen in pflanzlichen Lebensmitteln vorhanden. Deshalb kann eine Supplementierung von Vitamin B12 sinnvoll sein.

3.3 Risiken einer veganen Ernährung

Ist eine vegane Ernährung nicht gut geplant und wird nicht auf ausreichende Nährstoffzufuhr geachtet, können Mangelerscheinungen auftreten. Es gibt zwar zahlreiche Möglichkeiten, um den Bedarf an allen wichtigen Nährstoffen durch rein pflanzliche Ernährung zu decken, doch sollten Veganer jährlich ihr Blut untersuchen lassen um potenzielle Mängel ausschließen zu können.

Des Weiteren wird bei besonderen Personengruppen mit erhöhtem Nährstoffbedarf die vegane Ernährung nicht empfohlen. Zu diesen Personengruppen zählen Kinder, Jugendliche, Schwangere und Stillende. Die deutsche Gesellschaft für Ernährung empfiehlt eine Mischkost für diese Personengruppen, da die Nährstoffzufuhr nicht ausreichend sichergestellt wird.[22]

Vegane Produkte in Supermärkten werden immer beliebter und immer mehr neue Produkte kommen auf den Markt, doch sollte man auch dort vorsichtig sein, denn viele vegane Fertigprodukte sind ernährungsphysiologisch betrachtet ungesund und nicht vorteilhaft für eine gesunde Ernährung. Viele Veganer entscheiden sich jedoch aus ethischen Gründen für eine vegane Ernährung und freuen sich über jedes neue Fertigprodukt aus dem Kühlregal. Doch diese sind oft genauso ungesund wie omnivore Fertigprodukte.

Wenn man sich jedoch das theoretische Wissen über eine gesunde, vegane Ernährung angeeignet hat, ist es in der Praxis einfach sich daran zu halten, was sich in meinem Selbstversuch gezeigt hat.

---

[22] Siehe: Deutsche Gesellschaft für Ernährung. Vegane Ernährung: Nährstoffversorgung und Gesundheitsrisiken im Säuglings- und Kindesalter. URL: https://www.dge.de/wissenschaft/weitere-publikationen/fachinformationen/vegane-ernaehrung-saeugling-kindesalter/

4.Mein Selbstversuch

4.1 Vorgehensweise

Mein Selbstversuch begann am 01.02.2015 und die geplante Dauer war 4 Wochen. Ich ließ am 27.01.2015 mein Blut untersuchen. Ich sah den Selbstversuch am 01.04.2015 als beendet und ließ mir am 02.04.2015 erneut Blut abnehmen. Somit habe ich die Dauer des Versuches um 4 Wochen verlängert.

Ich habe während des Selbstversuches keine weiteren Veränderungen meiner Lebensweise vorgenommen, das heißt mein Sportpensum, mein Alkoholkonsum und die Stundenanzahl, die ich schlafe sind gleich geblieben. Des Weiteren wurden keine Nahrungsergänzungsmittel genommen, doch vor dem Versuch habe ich mich bereits ein halbes Jahr vegetarisch ernährt.

4.2 Ausgewogene vegane Ernährung

Ich habe meine vegane Ernährung während des Experimentes selbst zusammengestellt. Ich habe mich an die Richtlinien gehalten, die ich in Kapitel 3.1 erklärt habe.

Während meinem Selbstversuch ist es mir außergewöhnlich leicht gefallen, mich an die neue Ernährungsweise anzupassen. In den ersten vier Tagen ist mein Gewicht von 68,7kg auf 70,5kg gestiegen. Der Grund dafür liegt in den neu aufgenommenen Kohlenhydraten, die dann als Glykogen mit Wasser in den Muskeln gespeichert wurden. Im weiteren Verlauf blieb mein Gewicht konstant.

Mein körperliches Wohlbefinden hat sich jedoch sehr verbessert. Fast jeder Mensch hat manchmal kleine Beschwerden mit denen man gelernt hat zu leben. Ich hatte gelegentlich Kopfschmerzen und oft Krämpfe in der Muskulatur. Diese Beschwerden sind ab der 3.Woche nicht wieder aufgetreten.

Ich hatte ständig Energie, um den Alltag zu bewältigen und sogar Bewegungsdrang darüber hinaus. Der Grund dafür liegt in der vermehrten Kohlenhydrataufnahme. Dadurch hatte mein Körper immer genügend Kohlenhydrate zur Energiegewinnung zur Verfügung.

Zudem kann ich berichten, dass mein Hautbild sich sehr verbessert hat. Es treten weniger Unreinheiten auf und die Haut hat mehr Feuchtigkeit. Vor dem Selbstversuch habe ich viel weniger Obst verzehrt und somit auch weniger Vitamine und andere Stoffe, die gut für die Haut sind. Seit der Umstellung auf die vegane Ernährung esse ich mehr Obst und Gemüse und weniger gesättigte Fettsäuren. Durch Obst findet ebenfalls eine höhere Wasserzufuhr statt, was der Haut Feuchtigkeit gibt.[23] Dies könnte unter anderem ein Grund für die Verbesserung des Hautbildes sein.

---

[23] Siehe: Zentrum für Gesundheit. Gesunde Haut durch gesunde Ernährung. URL: http://www.zentrum-der-gesundheit.de/haut-ernaehrung-ia.html (Stand: 25.04.2015)

4.3 Blutwerte und ihre Auswertung

Jeweils vor und nach dem Selbstversuch wurden meine Blutwerte untersucht. Die erste Blutabnahme erfolgte am 27.01.2015. Nach zwei Monaten veganer Ernährung fand die zweite Blutabnahme am 02.04.2015 statt (siehe Anhang). Während dieser Zeit wurden keine Medikamente oder Nahrungsergänzungsmittel eingenommen. Im Folgenden werde ich nur die Werte nennen, die für den Versuch relevant sind.

Cholesterin: Cholesterin ist eine fettähnliche Substanz und gehört zur Gruppe der Steroide. Das gesamte Cholesterin ist sowohl vor als auch nach dem Selbstversuch leicht erhöht. Aussagekräftiger ist jedoch die Unterscheidung zwischen dem HDL-Cholesterin und dem LDL-Cholesterin. Eingeteilt sind sie abhängig von ihren unterschiedlich großen Lipidanteil in verschiedene Dichten, dabei gilt: je höher die Dichte (engl. = „density"), desto besser. Das HDL (High-Density-Level) schützt die Arterien vor Verkalkung und Ablagerungen, das LDL (Low-Density-Level) fördert sie.[24] Der LDL/HDL-Quotient sollte immer unter 3,5 liegen, da sonst zu viel LDL-Cholesterin im Blut ist gegenüber dem HDL. Da der Quotient bei 1,3 liegt, sind die leicht erhöhten Cholesterinwerte nicht gefährlich.

Triglyceride: Triglyceride bestehen aus einem Glyceridmolekül und drei Fettsäuren. Der Wert im Blut ist nach dem Versuch viel höher als davor. Hoher Zuckerkonsum und Alkoholkonsum kann dafür verantwortlich sein. Durch den großen Verzehr an Früchten und gelegentlichen zuckerhaltigen Sojajoghurts wandelt der Körper den überschüssigen Zucker in Triglyceride um, nachdem die Glykogenspeicher gefüllt wurden. Ebenfalls durch Alkoholkonsum, welcher fünf Tage zuvor stattgefunden hat, kann der Wert kurzzeitig ansteigen. Dadurch ist die Aussagekraft dieses Wertes relativ gering.

Calcium, Vitamin B1 & B6: Diese Werte liegen im Normalbereich. Keine Mangelerscheinungen sichtbar.

Vitamin B 12: Dieser Wert liegt im Normalbereich, obwohl kein Vitamin B 12 über die Nahrung aufgenommen wurde. Der Speicher dieses Vitamins reicht dem Körper für zwei bis drei Jahre und erst danach wird eine geringe Zufuhr sichtbar.

---

[24]Cholesterinspiegel. Cholesterin- was ist das?. URL: http://www.cholesterinspiegel.de/cholesterin-was-ist-das/ (Stand: 10.04.2015)

Vitamin D: Es besteht sowohl vor als auch nach dem Selbstversuch Vitamin D - Mangel. Es wird unter anderem mit Hilfe von UV-Strahlung gebildet und deshalb tritt in unseren Breitengraden häufig Vitamin-D-Mangel auf. Die Symptome eines akuten Vitamin-D-Mangels sind unspezifisch, doch im hohen Alter kann dauerhafter Mangel zu einer Erhöhung des Risikos für Osteoporose führen.[25]

Eisen (Ferritin): Der Eisenwert war vor dem Selbstversuch sehr gering und befand sich danach ohne Ergänzungsmittel wieder im Normalbereich. Es wurde auf eine eisenreiche Nahrung mit gleichzeitiger Vitamin-C-Zufuhr geachtet, um die Bioverfügbarkeit des Eisens zu verbessern und die Aufnahme zu gewährleisten. In der Auswertung der Beispielwoche wird deutlich, dass die Eisenaufnahme auch ohne tierische Produkte gewährleistet ist und ein Supplement nicht zwingend erforderlich ist.

Folsäure: Folsäure ist ein wasserlösliches Vitamin, auch bekannt als Vitamin B9. Folsäure ist in Leber, Blattgemüse, Hülsenfrüchten und Vollkornprodukten enthalten, doch spielen auch die Zubereitung und Lagerung eine wichtige Rolle.[26] Wird Gemüse beispielsweise zu lange gekocht, so sinkt der Folsäuregehalt. Sowohl vor als auch nach dem Selbstversuch wurde ein leichter Folsäuremangel festgestellt. Da die Auswertung des Speiseplans jedoch zeigt, dass genug Folsäure aufgenommen wurde, hat der Folsäuremangel womöglich andere Gründe wie die Einnahme von Östrogenen über die Anti-Baby-Pille, die von mir ebenfalls genommen wird.

Kalium: Der Kaliumspiegel war vor dem Versuch leicht erhöht, doch der behandelnde Arzt sagte, dass die Blutprobe wahrscheinlich zu lange gelagert wurde vor der Untersuchung und deshalb die Kaliumwerte verfälscht wurden.

---

[25]Siehe: Deutsche Gesellschaft für Ernährung. Vitamin-D-Mangel. URL: https://www.dge.de/wissenschaft/weitere-publikationen/faqs/vitamin-d/#mangel (10.04.2015)
[26] Siehe: Onmeda. Lebensmittel mit Folsäure. URL: http://www.onmeda.de/naehrstoffe/folsaeure-lebensmittel-mit-folsaeure-2261-4.html

5. Fazit

Alles in allem kann vegane Ernährung gesund sein, doch nur unter bestimmten Bedingungen.

Eine vegane Ernährung kann helfen Zivilisationskrankheiten vorzubeugen, die Lebensqualität deutlich zu verbessern und gesundheitliche Beschwerden zu lindern. Doch eine vegane Ernährung kann auch ungesund sein und zu Mangelerscheinungen führen, wenn man sich nicht abwechslungsreich ernährt und sich wenig Wissen über vegane Ernährung aneignet. Man sollte wissen worauf man achten muss und auch Kenntnisse über den menschlichen Stoffwechsel haben, um zu verstehen, warum man welche Lebensmittel essen sollte. Auf diese Weise kann man vermeiden auf ungesunde Diäten anzuspringen.

Ich finde, dass viele Menschen unserem Planeten, unserer Umwelt und unserer Gesundheit helfen würden, wenn sie ihren Konsum tierischer Produkte reduzieren würden. Wenn alle Menschen ihren Fleischkonsum nur um die Hälfte reduzieren würden, hätte es erhebliche Effekte auf unsere Umwelt und die allgemeine Gesundheit. Wir hätten mehr Anbaufläche zur Verfügung und Massentierhaltung wäre nicht mehr notwendig, um die Nachfrage nach Fleisch zu stillen. Nach meiner Meinung sollte jeder einmal für mindestens vier Wochen die vegane Ernährung ausprobieren und sich darüber informieren, um sich eine eigene Meinung zu diesem Thema bilden zu können.

Für mich selbst habe ich entschieden, den Weg der veganen Ernährung weiter zu gehen, da mich die positiven Effekte auf meine Gesundheit und Psyche überzeugt haben.

Quellenverzeichnis:

Bücher: Bredack, Jan (2014). Vegan für alle, Warum wir richtig leben sollten, München. Piper Verlag GmbH

Campbell, T.Colin/ Campbell, Thomas (2011). China Study, Die wissenschaftliche Begründung für eine vegane Ernährungsweise, Bad Kötzting. Verlag Systemische Medizin AG.

Dahlke, Ruediger/ Neumayr, Dorothea (2011). Peace Food, Wie der Verzicht auf Fleisch und Milch Körper und Seele heilt, München. Gräfe und Unzer Verlag.

Prof. Dr. Heseker, Helmut/ Dipl. oec. troph. Heseker, Beate (2012). Die Nährwerttabelle, Neustadt an der Weinstraße. Neuer Umschau Buchverlag

Schlieper, Cornelia A. (2007). Grundfragen der Ernährung, Hamburg. Verlag Dr.Felix Büchner - Verlag Handwerk und Technik GmbH

Hildmann, Attila (2012). Vegan for fit, Vegetarisch und cholesterinfrei zu einem neuem Körpergefühl, Hilden. Becker Joest Volk Verlag

Internet: Cholesterinspiegel. Cholesterin - was ist das? URL: http://www.cholesterinspiegel.de/cholesterin-was-ist-das/ (Stand: 10.04.2015)

Deutsche Gesellschaft für Ernährung. Referenzwerte Protein. URL: https://www.dge.de/wissenschaft/referenzwerte/protein/ (Stand: 12.04.2015)

Deutsche Gesellschaft für Ernährung. Referenzwerte Vitamin-D. URL: https://www.dge.de/wissenschaft/referenzwerte/vitamin-d/ (Stand 10.05.2015)

Deutsche Gesellschaft für Ernährung. Vegane Ernährung: Nährstoffversorgung und Gesundheitsrisiken im Säuglings- und Kindesalter. URL: https://www.dge.de/wissenschaft/weitere-publikationen/fachinformationen/vegane-ernaehrung-saeugling-kindesalter/

Deutsche Gesellschaft für Ernährung. Vitamin-D-Mangel. URL: https://www.dge.de/wissenschaft/weitere-publikationen/faqs/vitamin-d/#mangel (10.04.2015)

Die verheerenden Folgen des Soja-Anbaus in Südamerika. URL: http://www.klima-wandel.eu/sojaanbau.html (Stand: 19.04.2015)

Einstein, Albert, zitiert nach. Vegetarismus Zitateliste. URL: http://www.vegetarismus.com/zitate.html (Stand: 19.04.2015)

GS Food, Sporternährung und Beratung. Biologische Wertigkeit. URL: http://www.gsfood.ch/lexikon.php?language=de&lexID=b&lID=21&page=detail &sessID=k23og2ff57hukpjta78t36eq71 (Stand 10.05.2015)

Hacker, Hebert. Vegan: Radikale Einstellung wird zum Mega-Trend. URL: http://www.falstaff.de/gourmetartikel/vegan-radikale-einstellung-wird-zum-mega-trend-8170.html (Stand: 28.04.2015)

Onmeda. Lebensmittel mit Folsäure. URL: http://www.onmeda.de/naehrstoffe/folsaeure-lebensmittel-mit-folsaeure-2261-4.html

Peta2. Tierversuche für Zigaretten. URL: http://www.peta2.de/de/tierversuche_fuer.645.html (Stand: 25.04.2015)

Rohspirit. Was sind Superfoods?. URL: http://rohspirit.de/rohkost-rezepte/superfoods/ (Stand 25.04.2015)

Vegane Bewegung. Veganismus für Klima- und Umweltschutz. URL: http://vegane-bewegung.de/warum-vegan/veganismus-fuer-klima-und-umweltschutz.html (Stand: 19.04.2015)

Vegane Bewegung. Warum Fleischkonsum den Welthunger förder. URL: https://vegane-bewegung.de/warum-vegan/warum-fleischkonsum-den-welthunger-foerdert.html (Stand: 19.04.2015)

Vegan Society, zitiert nach. Bund für vegane Lebensweise. Definition des Begriffs „vegan". URL: http://www.vegane-lebensweise.org/vegan-im-alltag-3/definition-des-begriffs-vegan/ (Stand 15.2.2015)

Veganz GmbH. Zahlen & Fakten. URL: http://www.veganz.de/ueber-veganz/veganz-gmbh/fakten-zahlen.html (Stand: 28.04.2015)

Vegetarierbund Deutschland. Vegane Nährwerttabelle. URL: https://vebu.de/themen/gesundheit/naehrstoffe/naehrwerttabelle (Stand: 10.05.2015)

Zentrum für Gesundheit. Gesunde Haut durch gesunde Ernährung. URL: http://www.zentrum-der-gesundheit.de/haut-ernaehrung-ia.html (Stand: 25.04.2015)

Sonstige: Unterrichtsmitschrift: Fr. B. Ballaststoffe, ELCH, 09.01.2015, XXX Schule

Unterrichtsmitschrift: Fr. K. Proteinbiosynthese, Biologie,09.10.2014, XXX Schule

Abbildungsverzeichnis

Abbildung 1: Die vegane Ernährungspyramide; http://veganfoodpyramid.com/wallpaper/

Abbildung 2: Proteingehalt pflanzlicher Nahrungsmittel; Nährwerte sind entnommen aus der Nährwerttabelle (siehe Quellenverzeichnis)

Abbildung 3: Nährstoffe und ihre Quellen; Nährwerte sind entnommen aus der Nährwerttabelle (siehe Quellenverzeichnis)